## DIE MECKLENBURGISCHE SEENPLATTE

# WASSER/LAND/LICHT

Fotografie Lars Hoffmann

Text Niels Hoffmann

Einleitung Manfred Achtenhagen

edition MORIZANER

„Besser kann man die Liebeserklärung an die Mecklenburgische Seenplatte mit der Kamera nicht visualisieren. Lars Hoffmann schafft mit seinen bestechenden Bildern ein großartiges Landschaftsportfolio. Luftaufnahmen, Makrobilder und scheues Wild setzt er ebenso feinfühlig in Szene wie Stillleben und das Spiel mit dem Licht. Faszinierend vor allem die Vorstellung des Landes zu allen Jahreszeiten. Man kann kaum ermessen, wie viele Wochen, Monate oder vielleicht Jahre er an diesen Bildern gearbeitet hat.
Dieses Buch hebt sich ab durch Qualität. Eine Freude, es in die Hand zu nehmen und immer wieder anzusehen. Glückwunsch!"

Norbert Rosing
National Geographic Fotograf und Autor

Herbst im Müritz-Nationalpark.

Tagesanbruch bei Wustrow.

Am Großen Fürstenseer See.

Durch die Arbeit an diesem Buch wurde ich zum Entdecker meiner eigenen Heimat, fand Unbekanntes und begegnete Neuem.
Immer wieder wurde ich überrascht von der einmaligen Schönheit dieser Landschaft. Je intensiver ich mich mit einzelnen Themen beschäftigte, umso mehr Neuland erschloss sich mir. Es ging immer um den magischen Moment, den Zeitpunkt, in dem alles stimmig und doch überraschend erschien.
Dieses Buch ist meine Liebeserklärung an eine einzigartige Landschaft mitten in Deutschland. Es zeigt, von welchen unschätzbaren Werten wir umgeben sind. Und das manche Entdeckungsreise direkt vor der Haustür beginnt.

Lars Hoffmann

Grüne Lagune – die Ufer des Jäthensees.

Es war wohl Theodor Fontane, der bei seinem Aufenthalt in der Mecklenburgischen Seenplatte in seiner poetischen Sprache die Seen die Augen der Erde nannte.

Es sind ausdrucksstarke Augen, denn sie prägen unser Land mit ihrem Glitzern und ihren tiefblauen oder blassgrünen Farben, wie es die Jahreszeiten gebieten. Ursprünglich waren sie einmal schneeweiß wie das mächtige Eis, das die Mecklenburgische Seenplatte bis vor ca. 15 000 Jahren bedeckte. Die gewaltigen Kräfte der mehr als 1 000 Meter dicken Eisschicht formten ein stilles Land mit unzähligen Seen und sanften Hügeln. Ein Land, in dem der majestätische Seeadler über weiten Wasserflächen kreist, der schnelle Fischadler aufspritzend in die Tiefe taucht und mit seiner Fischbeute kräftig rudernd wieder Höhe gewinnt. Ein Land, in dem der Herbst den Tausenden Kranichen und Wildgänsen gehört, die mit ihrem Trompeten und Schreien die Luft erfüllen. Die Seen aller Größen und Formen verleihen der Mecklenburgischen Seenplatte eine Vielfalt von landschaftlich Reizvollem, das nicht lebhaft und laut zu unseren Sinnen spricht, sondern in leisen und verhaltenen Tönen diese Landschaft zum Klingen bringt.

Es ist das Beieinander und der Wechsel von Wasser und Land, das Grün der Wälder und Wiesen gegen die glitzernden Wasserflächen, die den blassen Himmel widerspiegeln.

Ein kleines schilfbestandenes Wasserauge, an dem das Insektengesumm und das Plätschern eines Fisches die Stille nur noch hörbarer machen. Dann wieder die breit gespannte Seefläche der Müritz, bei der wir durch

den Zweiklang von Himmel und Wasser die Nähe des Meeres zu spüren glauben. Es ist auch das Reich der Tiere, der Rohrweihe, die den Schilfgürtel entlang streicht, des exotisch anmutenden Eisvogels, der seine Brutröhre in das Ufer treibt und der dumpf und urwüchsig rufenden Rohrdommel.
Obwohl zuvörderst eine sanftmütige Landschaft, so ist diese im Wechsel der Jahreszeiten durchaus zu einiger Dramatik fähig. Im Hochsommer dräut das dunkelste Blauschwarz eines am Westufer der Müritz aufziehenden Gewitters und lässt den Wasserwanderer schnell das rettende Ufer suchen.
Im Winter türmt der lange Frost einer kontinentalen Ostwind- und Hochdrucklage das Eis am Ufer der Müritz zu bizarren Gebilden auf.
So weit und vielgestaltig sich das Land der Mecklenburger Seen vor uns ausbreitet, es erschließt sich jedoch keinesfalls nur dort, wo Wasser ist. Sind die Seen auch die Augen der Landschaft, die uns magnetisch anziehen, so ist die sanfte Schönheit und Weiche der Moränenzüge, die stille Größe der unendlichen Felder und Wälder, nicht zu übersehen.
Diese Landschaft mit ihrer befreienden Weite und ihrer gewaltigen Ruhe ist ebenso faszinierend wie alle Lebendigkeit, die vom Wasser ausgeht.

In die Geschichte tritt das „Land der 1 000 Seen" mit der slawischen Besiedlung im 6. und 7. Jahrhundert. Um die Müritz siedelte der Stamm der „Müritzer" aus dem Volk der Obotriten, auch Wenden genannt. Deren Hauptorte waren wohl die Burgwälle von Vipperow am südlichen Müritzufer und die Siedlungen

auf der Ludorfer Halbinsel Steinhorn an der Westseite des Sees. Noch heute erinnern viele auf *-ow* endende Ortsnamen an die slawische Zeit.
Die Herrschaft der Slawen endete im 12. Jahrhundert. Niklot, der letzte freie Slawenfürst, fiel in der Schlacht bei der Burg Werle unweit von Malchow. Sein Sohn Pribislaw wurde Christ und erhielt von Heinrich dem Löwen sein Herrschaftsgebiet als Lehen zurück. Seine Nachfahren regierten Mecklenburg bis 1918, keine Dynastie regierte länger in Deutschland.
Die mit Heinrich dem Löwen ins Land gekommenen Ritter wurden für ihren Einsatz im Kampf gegen die heidnischen Slawen mit Grund und Boden belohnt. Dieser Dienstadel verschmolz im Laufe der Zeit mit den slawischen Adelssippen und es entstand der eher simple, bodenständige mecklenburgische Landadel.
So kamen auch rund um die Müritz die Maltzahns, Bülows, Oertzens und Blüchers zu großem Landbesitz. Noch waren es jedoch die freien Bauern, die mit ihrem schweren Ackergerät Mecklenburg zu einer ersten landwirtschaftlichen Blüte führten. Das Land erlebte lange friedliche Jahre.
Der 30-jährige Krieg, der auch in Mecklenburg zu ungeheuren Bevölkerungsverlusten führte, änderte diese Verhältnisse. Die durch den Krieg verwüsteten Bauernstellen wurden von den Rittern eingezogen und die für Mecklenburg so typischen großen Rittergüter entstanden. Mecklenburg wurde das Land der Schlösser und Katen. Die Zeit schien stillzustehen in Mecklenburg. Als selbst Preußen 1807 die Leibeigenschaft auf den Gütern aufhob, folgte Mecklenburg noch lange nicht. Nichts beschrieb die Situation in Mecklenburg wohl

trefflicher als das Bismarck-Zitat: „Wenn die Welt untergeht, so ziehe ich nach Mecklenburg, denn dort geschieht alles fünfzig Jahre später."

Erst die beiden Weltkriege beendeten diese patriarchalische Zeit. Noch heute findet man die Zeugnisse jener gegensätzlichen Epoche in den Dörfern auf den weiten Flächen zwischen den Mecklenburgischen Seen. Sie sind noch da, sowohl die Schlösser als auch die Katen. Wobei „Schloss" in Mecklenburg durchaus auch das bescheidene Fachwerkgutshaus sein kann. Sie sind ein unverwechselbarer Teil dieser Landschaft. Aus den Erträgen der Natur entstanden, sind die Guts- und Herrenhäuser heute oft das Bindeglied zur Natur an den großen Seen.

Die Mecklenburgische Seenplatte ist das größte zusammenhängende Wasserrevier Mitteleuropas. 650 Seen bedecken mehr als 10 Prozent der Landesfläche. Nur selten unterbricht eine menschliche Ansiedlung die Weite. So ist es nicht weiter verwunderlich, dass hier mit dem Müritz-Nationalpark auch Deutschlands größter Landnationalpark entstanden ist. Er ist mit seinen Seen, breiten Schilfgürteln, Mooren und urwüchsigen Buchenwäldern Heimat für Großvogelarten wie See-, Schrei- und Fischadler, Kranich und Schwarzstorch.

„Natur Natur sein lassen" ist das Leitmotiv im Müritz-Nationalpark. Der Baum, der am Ende seines Lebens oder durch Windbruch umfällt, bleibt liegen und darf in aller Ruhe verrotten. Pilze, Flechten und Moose lassen an ihm neues Leben entstehen. Das geht nur in einer geschützten Landschaft.

Der Müritz-Nationalpark ist somit wichtigster Garant,

dass uns die ganze Schönheit der Mecklenburgischen Seenplatte auch in Zukunft erhalten bleibt. Wir haben diese Schönheit von der Natur geschenkt bekommen und wollen sie unseren Kindern erhalten.

Hat doch schon unser mecklenburgischer Heimatdichter Fritz Reuter in seiner „Urgeschicht von Mekelnborg“ die tatsächliche Lage des vom lieben Gott geschaffenen Paradieses ganz eindeutig im Bereich der Mecklenburgischen Seenplatte erkannt.

Lars Hoffmann hat das Paradies fotografiert.

Manfred Achtenhagen

# WASSER

Das Land sieht flach aus, ab und zu liegt zwischen den reifen Feldern ein dunkler Waldstreif. Wer es nicht weiß, kann nicht ahnen, dass jeder dieser dunklen Waldstreifen einen tief ins Land geschnittenen langen See bedeutet, Seen mit tiefstem, klarsten Wasser, von einem bezaubernden Türkisgrün oder Azurblau."

Auf den Schriftsteller Hans Fallada übten die Mecklenburgischen Seen eine besondere Anziehungskraft aus. Hunderte Gewässer, viele davon lang gestreckt mit steilen Uferhängen, andere nahezu kreisrund und tief in den Wäldern verborgen, bilden das blaue Herz von Mecklenburg. Sie entstanden etwa vor 15 000 Jahren zum Ende der letzten Eiszeit und die Gletscher erwiesen sich dabei als vortreffliche Landschaftsgestalter. Noch heute habe das Wasser etwas von der Klarheit und Frische des Eises, bemerkte Fallada. Doch abseits der naturwissenschaftlichen Betrachtung üben die Seen eine besondere Faszination auf jeden aus, der sich darauf einlässt. Die Stille des Wassers überträgt sich auf den Betrachter, vieles wirkt klarer, wenn sich der weite Himmel nahtlos auf dem Wasser spiegelt. Dass diese Landschaft auch schon unsere Vorfahren tief beeindruckte, zeigt sich in den vielen Sagen und Geschichten, die sich um die Mecklenburgischen Seen ranken. Manche Gewässer seien von unergründlicher Tiefe, in anderen sollen seltsame Wasserwesen leben, die sich nur vor Sonnenaufgang zeigen. Auch die verschiedenen Bewohner dieser Landschaft übten schon auf frühere Generationen einen eigentümlichen Reiz aus. Wie der mächtige Seeadler, welcher aus großer Entfernung seine Beute unter der Wasseroberfläche ausmacht

und sich nahezu lautlos in die Tiefe stürzt. Oder der eigentümliche Eisvogel, nur wenige Zentimeter groß und mit seinem bunten Federkleid eher an einen Kolibri erinnernd. Seinen Namen verdankt er weniger der Tatsache, dass er seit der Eiszeit hier lebt, sondern wohl dem Umstand seiner blauen Federn, die unseren Vorfahren wie blau geschmiedetes Eisen erschienen. Wer sich die Zeit nimmt, wird vom Wasser der Mecklenburgischen Seenplatte fasziniert sein, ebenso wie Fallada, der in seinen Briefen und Geschichten seine Liebe zu dieser Landschaft erklärte: „Von allen Fenstern sehen wir aufs Wasser, das Schönste auf Erden; es verliert sich in der Ferne, begleitet von schmächtigen Ellern: dickköpfige Weiden suchen es zu verstecken, hinter gelben und grünen Schilffeldern breitet es sich weit."

Der Krüselinsee bei Feldberg zählt zu den klarsten Gewässern der Mecklenburgischen Seenplatte.

Unterwegs mit dem Kanu kurz nach Sonnenaufgang bei Feldberg.

Mit einer Flügelspannweite von bis zu 2,4 Metern ist der Seeadler einer der größten Vögel Europas. Obwohl der majestätische Greifvogel in Deutschland fast verschwunden war, konnte er in der Mecklenburgischen Seenplatte überleben. Der hervorragende Jäger nutzt zur Mittagszeit die aufsteigende Luft und kreist in großer Höhe über den Seen. Mit seinen ausgezeichneten Augen kann er über große Entfernungen Beute direkt unter der Wasseroberfläche ausmachen.

Der Eisvogel kann besonders gut an den stehenden oder mäßig fließenden Gewässern der Mecklenburgischen Seenplatte beobachtet werden. Der schillernde Winzling ist bei der Jagd nach kleinen Fischen und Insekten auf klares Wasser angewiesen. Hat er seine Beute entdeckt, stürzt er blitzschnell kopfüber in die Tiefe und taucht dabei bis zu 60 Zentimeter ins Wasser ein. Der elegante Stoßtaucher erzielt dabei eine Trefferquote von nahezu 100 Prozent.

Viele Seen sind von dichten Wäldern umgeben. Von oben betrachtet ist die Mecklenburgische Seenplatte ein Stück Wildnis mitten in Deutschland. Hier der Hinnensee bei Serrahn.

Graureiher auf der Lauer.

Sommerregen über der oberen Havel.

LAND

Das Land in der Mecklenburgischen Seenplatte beeindruckt auf den ersten Blick nur bedingt. Keine hohen Berge oder tiefen Schluchten, keine Extreme – überhaupt wirkt hier nichts kolossal. Auf den zweiten Blick wirkt dieses Land jedoch nachhaltig. Weit geschwungene Felder mit Bäumen, die wie die Inseln der Seen wirken; alte Feldwege und Alleen, gesäumt von Eichen, die nicht selten älter als zweihundert Jahre sind. Ein weites Land, jedoch keinesfalls monoton.

Die Region der Mecklenburgischen Seenplatte gehört zu den am dünnsten besiedelten Landstrichen Deutschlands. Statistisch betrachtet ist die Bevölkerungsdichte hier fünfmal geringer als im Bundesmittel. Auch gab es in dieser Region nie eine wirkliche Industrialisierung. Land-, Forstwirtschaft und Fischerei waren die wesentlichen Wirtschaftszweige. Und so verwundert es auch kaum, dass die Region als rückschrittlich galt. Doch diese Rückschrittlichkeit erscheint bei genauer Betrachtung als Segen. Es gibt kaum andere Regionen, in denen sich die Ursprünglichkeit der Landschaft so erhalten konnte. Nur wenige Asphaltstraßen zerschneiden die Landschaft, keine Industriebauten versperren den Horizont. Neben der Harmonie und Weite bietet das Land der Mecklenburgischen Seenplatte auch ein weiteres selten gewordenes Gut von unschätzbarem Wert: Ruhe.

Die Abwesenheit einer permanenten künstlichen Geräuschkulisse lässt uns vergessene Klänge der Natur wieder wahrnehmen. Das Rauschen der Getreidefelder, den Gesang der mehr als dreihundert verschiedenen Vogelarten, das Zirpen der Grillen an einem lauen

Sommerabend. Besonders in den frühen Morgenstunden kann man aber auch absolute Stille erleben. Das Nichts tatsächlich hören. In solchen Momenten versteht man den Wert der Ruhe. Man bemerkt, wie schnell sich diese äußere Stille auf uns überträgt. Und wie von Zauberhand gerührt, scheint die Zeit in solchen Momenten langsamer zu vergehen. Wir werden ruhiger, unser Blick gewinnt in dieser Landschaft an Weitsicht und Schärfe. Wir entdecken Verborgenes: Das Reh in der Sommerwiese, die Feder einer Wildgans auf dem Stoppelfeld. Wir erkennen die Harmonie dieser Landschaft. Wir begreifen aber auch, wie wichtig dieses Land für uns ist und wie wertvoll Momente der Ruhe sind.

Die Wacholderheide im Müritz-Nationalpark stellt eine selten gewordene Landschaftsform dar. Sie ist Lebensraum vieler gefährdeter Pflanzen- und Tierarten. Als „Landschaftspfleger" werden Fjällrinder und wilde Ponys eingesetzt.

Alte Eichen, wie hier bei Hartenland, säumen viele Felder in der Mecklenburgischen Seenplatte.

Feder im Stoppelfeld.

Morgennebel am Roten Moor.

Unverbaute Horizonte, wenig Menschen. Das Land wirkt ursprünglich, manchmal fast märchenhaft.

Die weiten Felder sind bezeichnend für eine Region, die seit jeher von der Landwirtschaft lebt.

Vieles entdeckt man erst auf den zweiten Blick. Die Sommerwiesen bieten Rehen reichlich Schutz und Nahrung.

Rotwild im Müritz-Nationalpark.

Anfang des Sommers begeben sich die Jungfüchse auf ihre ersten Streifzüge. Mit etwas Glück und Geduld entdeckt man die jungen Räuber häufig auf Waldwiesen und an Feldrändern.

Kastanienallee bei Ahrensberg.

Das Land der Mecklenburgischen Seenplatte ist ein bedeutendes Rückzugsgebiet für Kraniche.
Ihr trompetenartiger Ruf schallt weit über die Felder und Seen.

Ursprüngliche Feldwege und Alleen erinnern an alte Zeiten. Das Land hat sich seinen eigenen Charme bewahrt. Hier in der Nähe von Schwarzenhof im Müritz-Nationalpark.

# LICHT

Es ist eine waghalsige Behauptung, doch das Licht der Mecklenburgischen Seenplatte scheint sich von dem in anderen Regionen deutlich zu unterscheiden. Vielleicht ist dies auf die Einmaligkeit und Weite dieser Landschaft zurückzuführen, die das Licht spiegelt.

Das Licht ist der große Dramatiker. Es sorgt für eindrucksvolle Stimmungen und vermag immer wieder Vertrautes unbekannt erscheinen zu lassen. Wenn die Sonne hinter den waldreichen Ufern der Seen versunken ist und Himmel und Wasser für einen kurzen Moment glutrot erstrahlen, erlebt man die Schönheit dieser Gegend in konzentrierter Form. Es sind Momente, die uns tief berühren und uns vergegenwärtigen, von welcher Harmonie wir umgeben sind.

Das Licht der Mecklenburgischen Seenplatte verstärkt die Wirkung der Landschaft. Es spiegelt den von Wolken überquellenden Himmel im See wider. Es lässt Land und Wasser weiter erscheinen und verwischt feststehend geglaubte Grenzen. Es lenkt unsere Aufmerksamkeit auf unbeachtete Details: Auf ein einsames Blesshuhn in der Weite des Sees, auf den Schwarm Kraniche über dem Wald, die zu ihren Nachtquartieren fliegen.

Ein aufziehender Herbststurm zeigt eine weitere Variation des Lichtes in der Mecklenburgischen Seenplatte. Sich weit auftürmende Wolken aus dunklem Grau, unergründliches Wasser darunter, pechschwarze Bäume am Ufer. Binnen weniger Augenblicke verdunkelt sich nicht nur die Landschaft. Was eben noch vertraut erschien, wirkt nun auf so manchen bedrohlich.

Das Licht sorgt dafür, dass man die Mecklenburgische

Seenplatte ständig neu erlebt. Es harmonisiert und es dramatisiert, es schafft Weite und lässt manchmal fast den Himmel auf die Erde fallen. Und jeder, der die Mecklenburgische Seenplatte intensiv erlebt, ist sich sicher, dass das Licht nirgendwo sonst so ist wie hier.

Sommergewitter über der Woblitz.

Vor dem Sturm.

Magische Momente: Nirgendwo sonst scheint das Licht so zu sein wie in der Mecklenburgischen Seenplatte.

Wolken und Weite im Müritz-Nationalpark.

Nach Sonnenuntergang am Useriner See.

Flug der Kraniche im Abendlicht.

Gegenlicht in der Mecklenburgischen Seenplatte: Die Horizonte verdunkeln, die Wolken rücken näher. Rechts: Zierker See bei Neustrelitz.

Die Farben des Herbstes spiegeln die Vielfältigkeit des Landes.

# WALD

Seit jeher wirkt der Wald in besonderer Weise auf den Menschen. Er verbirgt scheinbar Geheimnisse, ist manchmal undurchdringlich, bietet aber auch Zuflucht und Schutz. Wer sich in die Wälder der Mecklenburgischen Seenplatte begibt, geht auf Entdeckungsreise. Die waldreichste Gegend Norddeutschlands bietet ausgedehnte Buchenwälder, lichte Kiefernforste aber auch dunkle und sumpfige Bruchwälder. Der Wald in der Mecklenburgischen Seenplatte ist gleichzeitig ein Spiegel der Geschichte dieser Region. Vor etwa tausend Jahren verschwand hier, wie fast überall in Deutschland, immer mehr Wald. Der Mensch erkannte erst den Wert dieser Naturform, nachdem er diese stark dezimiert hatte. Neuer Wald wurde gepflanzt. Doch der durch Menschenhand entstandene Wald unterschied sich vom Urwald dieser Gegend. Statt dunkler Buchenwälder wuchsen lichte Kiefernforste heran. Diese recht anspruchslose Baumart gedieh auf den kargen Böden Mecklenburgs und lieferte in vergleichsweise kurzer Zeit viel Holz. Noch heute finden wir viele kleine Ansiedlungen in den Wäldern, deren Namen auf alte Nutzungsformen schließen lassen. In diesen sogenannten „Teeröfen" wurde aus Kiefernholz Teer gewonnen.

Doch was geschieht, wenn der Mensch nur wenig oder gar nicht in die Entwicklung der Natur eingreift, lässt sich eindrucksvoll in vielen Wäldern der Mecklenburgischen Seenplatte beobachten. Auf den früher militärisch genutzten Brachflächen des Müritz-Nationalparks stellten sich nach der wortwörtlichen Befriedung dieser Landschaft die Pioniere des Waldes – die Birken und Kiefern – ein. Sie erschließen das Gebiet für ihre

Nachfolger, denn später werden Eichen auf diesem Land wachsen. Erst nachdem die Eichen ihre Kronen ausgebreitet haben und der Wald immer schattiger wird, ist die Zeit der Buche gekommen.

Im Gegensatz zu den meisten anderen Baumarten kommt diese hervorragend mit wenig Licht zurecht und wächst langsam, aber kontinuierlich unter ihren Wegbereitern heran. Brechen diese schließlich weg, übernimmt die Buche die Führung: Sprunghaft wächst sie in die Höhe, breitet ihre mit dichtem Laub behangenen Äste aus und dominiert den Wald. Andere Arten, aber auch junge Buchen, haben kaum noch Chancen, in dem spärlich vorhandenen Licht heranzuwachsen. Die Buchenwälder existieren dann längere Zeit, brechen aber schließlich nach größeren Stürmen altersbedingt in sich zusammen. Dann siedeln sich wieder Pionierbäume an und der Kreislauf beginnt nach vielen Hundert Jahren von vorn. Einige dieser Entwicklungsstadien finden wir in den Wäldern der Mecklenburgischen Seenplatte.

Zeit erlangt eine andere Bedeutung, wenn man zwischen zweihundertjährigen Riesen wandelt, über umgestürzte Stämme klettert und dort, wo vor Kurzem noch eine dicke Buche stand, neue Arten wachsen sieht.

Der Wald der Mecklenburgischen Seenplatte birgt viele Geheimnisse. Er ist in seiner Vielfältigkeit ein ausgesprochener „Lebensraum“. Er zeigt uns, dass es manchmal lohnender sein kann, beim Eingriff in natürliche Prozesse Zurückhaltung zu üben und von der Langsamkeit des Waldes zu lernen.

Im Erlenbruchwald.

Die vielen Moore und versteckten Seen in den Wäldern der Mecklenburgischen Seenplatte bieten ungestörte Lebensräume für selten gewordene Pflanzen und Tiere.

Herbstmorgen im Laubmischwald.

Die jungen Buchen im Serrahner Wald breiten ihre Äste aus, um an das wenige Licht in Bodennähe zu gelangen.

Farbenpracht im Herbst. Im Schatten alter Kiefern wächst die nächste Waldgeneration heran.

Waldsee im Müritz-Nationalpark.

Für Wildschweine stellen die unwegsamen Bruchwälder einen idealen Lebensraum dar.

Das Damwild ist weitverbreitet in der Mecklenburgischen Seenplatte. Die in den 1930-Jahren aus Asien eingeführten Tiere leben in großen Gruppen. Nicht selten kann man mehr als einhundert Tiere zugleich beobachten. Das Damwild ist im Körperbau deutlich kleiner als das Rotwild. Das Geweih der Hirsche ist schaufelartig ausgebildet.

Lichtspiele: Am Abend fangen sich die Strahlen der tief stehenden Sonne in den Blättern der Buchen am Ufer der Seen.

Lichtdurchfluteter Kiefernwald.

Die Wälder der Mecklenburgischen Seenplatte sind vielfältig. So wie kein Baum einem anderen gleicht, vermittelt auch jeder Wald eine andere Stimmung.

Dicht gedrängt stehen die Bäume an den Ufern der Seen. An manchen Standorten begrenzt die Feuchtigkeit des Bodens jedoch die Lebensdauer der Bäume. Alte Stämme bieten wiederum neuen Raum für viele Insekten und Vögel.

Die Moore wirken auf viele Betrachter geheimnisvoll. Fast scheint es so, als ob die Bäume in den sumpfigen Boden versinken.

Viele Bäume sind Zeugen vergangener Zeiten. Früher wurde das Vieh häufig zur Fütterung in den Wald geführt und dort gehütet. So lassen sich auch heute noch einige „Hutebäume“ mitten in den Wäldern finden.

MÜRITZ

Die Müritz scheint seit jeher eine besondere Anziehungskraft auf die Menschen auszuüben, verbirgt sie doch einen seltenen Schatz: „Einer der größten und herrlichsten Bernsteine der Welt ruht unweit der Stadt Waren, im tiefen Schoße der Müritz – dieses schönen und größten Landsees, nicht allein Mecklenburgs, sondern auch ganz Norddeutschlands. – Derselbe muß einen ungeheuren Werth haben, denn er soll so groß wie ein Haus und von seltener Reinheit und Durchsichtigkeit sein. Aber noch keines Menschen Auge hat diesen wundervollen Bernstein durch schaut und wird ihn wol je erschauen, da er Tag und Nacht auf das Sorgsamste von einer Nixe der Müritz bewacht wird.“

Mit einer Fläche von etwa einhundertsiebzehn Quadratkilometern und einer Länge von über dreißig Kilometern wirkt der See an manchen Tagen beinahe grenzenlos. Wenn der Nebel die Sicht eintrübt und das andere Ufer nicht mehr ausgemacht werden kann, wenn der Wind bissige Wellen am flachen Ostufer auftürmt, dann fällt es leicht, unseren Vorfahren zu glauben, die diesen See „Morcze“, das kleine Meer, nannten. Doch die Müritz zeigt sich auch von ihrer anderen Seite: Sie weiß uns zu berühren. Das letzte Licht der gerade untergegangenen Sonne verwandelt das Gewässer in einen endlos wirkenden Raum. Das in Tausende kleine Schollen aufgebrochene Eis des Sees erscheint wie ein Mikrokosmos der Vielfältigkeit. So gibt es neben dem von der Nixe bewachten Bernstein in der Müritz mindestens einen zweiten, wohl noch wertvolleren Schatz: die beeindruckende Natur dieses Gewässers und der angrenzenden Landflächen. Nach

Ausweisung erster Schutzgebiete in den 1930-Jahren und der Sperrung großer Flächen zur Ausübung der Staatsjagd in der DDR wurde 1990 der Müritz-Nationalpark gegründet. Neben großen Waldflächen und mehr als einhundert Seen wurde auch das Ostufer der Müritz großflächig in den Nationalpark integriert. Es genießt damit den höchstmöglichen Schutzstatus. Im Gegensatz zum Westufer ist hier das Wasser auch Hunderte Meter vom Land entfernt oft nicht tiefer als ein bis zwei Meter. Jahrzehnte nahezu ungestörter Entwicklung schufen eine Landschaft mit ausgedehnten Schilf- und Röhrichtfeldern. Dahinter finden wir wiederum verschiedene Kleinseen, Moore und Pionierwälder.

Besonders in der Mittagszeit kreisen die Seeadler über dem Ostufer, Fischadler stürzen sich auf der Jagd nach Beute tief ins Wasser der Müritz. Das Ufer und die angrenzenden Flächen stellen einen bedeutenden Lebensraum für den Kranich dar. Im Herbst sammeln sich hier die Tiere zu Tausenden. Auch die größte Wildart Deutschlands, das Rotwild, hat am Ufer der Müritz und im übrigen Nationalpark einen ungestörten Lebensraum gefunden. Die in Gruppen lebenden Tiere beeindrucken nicht nur durch ihre enorme Größe – starke Hirsche können bis zu dreihundert Kilogramm auf die Waage bringen –, sondern auch durch ihr ausgeprägtes Sozialverhalten.

Jeder, der diese Landschaft intensiv erlebt hat, zeigt sich beeindruckt. Von der Weite der Müritz, der Abgeschiedenheit der Uferregionen und Vielzahl der darin lebenden Tiere und Pflanzen. Es gilt, diesen Reichtum zu bewahren, und – wie die Nixe der Müritz – dafür Sorge zu tragen, dass dieser nicht geplündert wird.

Mit dem Kajak auf der Müritz.

Der Müritz-Nationalpark ist ein bedeutender Lebensraum für Seeadler. Jedes Jahr brüten etwa ein Dutzend Paare in den Baumkronen der weitgehend ungestörten Wälder und bilden somit das größte Brutvorkommen in Deutschland. Seeadlerpaare bleiben sich ein Leben lang treu. Einzelne Tiere können weit über dreißig Jahre alt werden.

Das Rotwild kommt hervorragend mit den Bedingungen im Müritz-Nationalpark zurecht. Um an schmackhafte Nahrung zu gelangen, waten die Tiere auch durch das Wasser der Müritz. Wie auch das Rehwild, kann das Rotwild ausgezeichnet schwimmen.

Flacher Strand am Ostufer.

Der Fischadler ist ein blitzschneller Spezialist. Mit einer Geschwindigkeit von bis zu siebzig Stundenkilometern stürzt er dem Wasser entgegen. Beim Eintauchen verschließen sich die Nasenlöcher. Einmal gegriffene Beute lässt er nicht mehr los. Im Gegensatz zum Seeadler ernährt er sich ausschließlich von Fisch und zieht im Herbst Richtung Afrika.

Der Herrmannskanal mündet am flachen Ostufer in die Müritz.

Im Herbst sammeln sich die Kraniche zu Tausenden in der Mecklenburgischen Seenplatte.

Ein schmaler Horizont und scheinbar grenzenlose Weite bei Anbruch der Nacht.

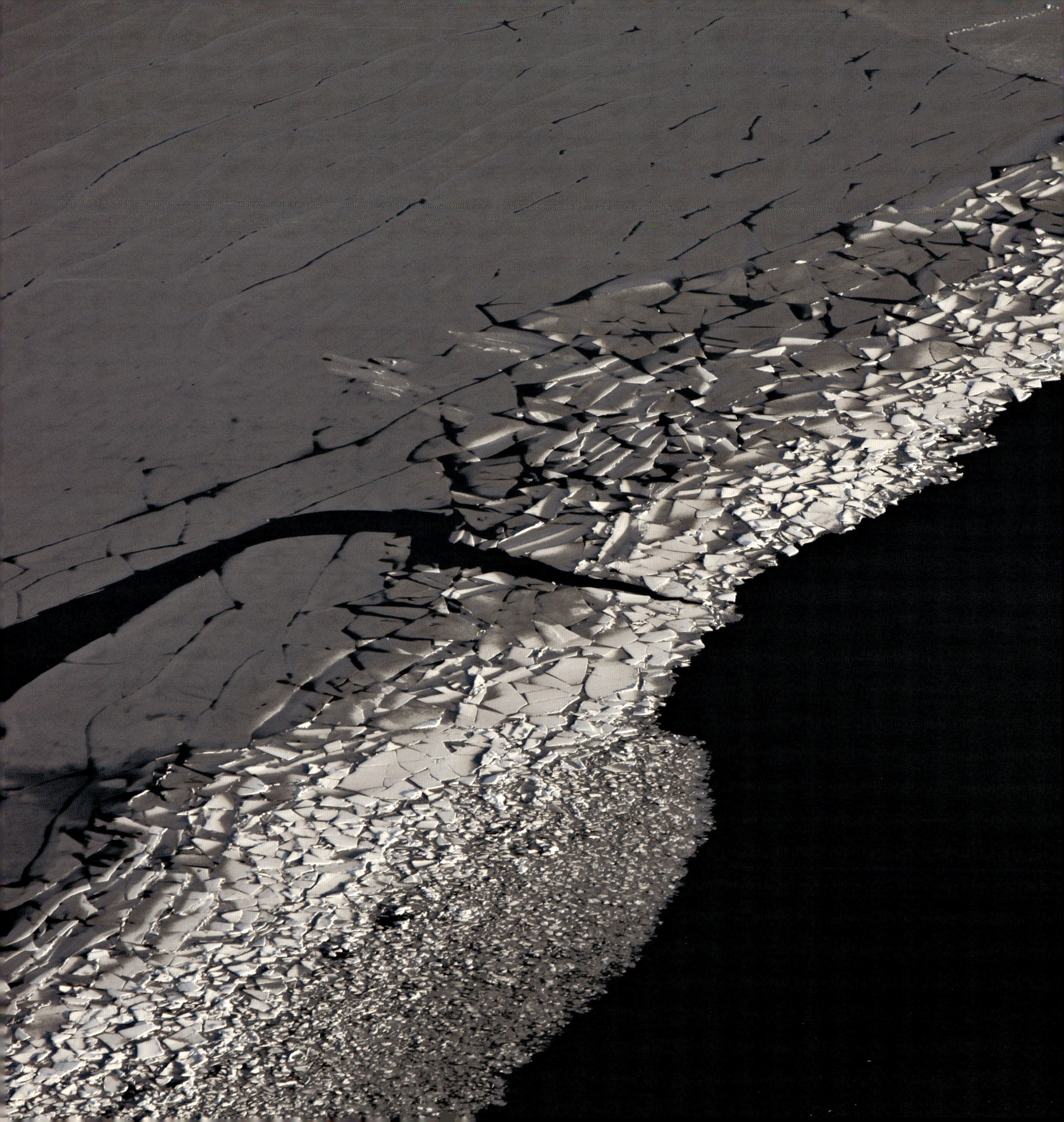

Eisschollen am Ostufer der Müritz.

EISZEIT

Wenn die letzten Erlen am Ufer ihre Blätter fallen gelassen haben, die Kraniche Richtung Süden gezogen und die Fischadler längst im nördlichen Afrika auf Beutefang sind, ist sie angebrochen: die Eiszeit in der Mecklenburgischen Seenplatte. Die Natur ist dann merklich ruhiger geworden, sie klingt anders. Der kalte Ostwind rauscht im gelb gewordenen Schilf am Ufer, die Tierwelt scheint nahezu verstummt.
Der Winter in der Mecklenburgischen Seenplatte ist weit mehr als die vierte Jahreszeit, denn er verwandelt die Landschaft grundlegend. Im ersten Moment wirkt vieles einförmiger, die Farben sind zurückhaltender, dunkler und fremd. Doch wenn die Seen zufrieren und sich eine feste Eisdecke gebildet hat, erschließt sich eine neue Welt. Das Wasser erscheint als natürliche Fortsetzung der Ufer und wird für Tier und Mensch begehbar. Einsame Inseln werden von Waschbären und Füchsen besucht, Menschen erleben die Mecklenburgische Seenplatte grenzenloser als sonst. Dabei findet man Vielfältigkeit vor allem im Detail. Hunderte seltsame Eislöcher im gefrorenen Wasser, die Spur eines Rehs durch das Schilf oder bizarre Muster im spiegelglatten Eis der Gewässer. Eis, welches in so vielen Farben leuchtet, von weiß bis dunkelblau, türkis und manchmal auch tiefschwarz.
Für die Tiere bricht mit dem Winter eine harte Zeit an. Die Wasservögel sammeln sich an den letzten eisfreien Bereichen, das Wild bleibt lange im geschützten Wald und bewegt sich wenig. Die Fische unter dem Eis verharren bewegungslos am Grund. Ein kalter, langer Winter stellt für fast alle Bewohner dieser Landschaft eine schwere Probe dar. Doch der Winter in der

Mecklenburgischen Seenplatte verändert den Betrachter. Der Blick wird weiter, das Hören intensiver. Ruhe verinnerlicht sich, die Zeit verstreicht langsamer. Vieles erscheint klarer und grenzenloser. Es ist das Gegenstück zur bewegten Landschaft des übrigen Jahres. Es ist der Kontrast, der uns die Wärme und Pracht des Frühjahrs umso deutlicher erleben lässt.

Am Peetschsee.

Wintersonne bei Wesenberg.

„Spukloch“ im Müritz-Nationalpark.

Eissterne bedecken das Ufer der Müritz.

Details im Eis: Je nach Beschaffenheit und Lichteinfall variiert die Erscheinung der Eisdecke.

Winterwälder in der Mecklenburgischen Seenplatte.

Der Große Säfkowsee.

Spuren im Eis.

Blaues Licht: Auch im Winter leuchtet die Mecklenburgische Seenplatte in verschiedensten Farben.

Der Winter ist die stillste Zeit in der Mecklenburgischen Seenplatte. Viele Tiere haben sich zurückgezogen. Das Rotwild im Müritz-Nationalpark bewegt sich auf den schmalen Wechseln durch das überfrorene Moor (rechte Seite).

Am Großen Boberowsee.

WASSER/LAND/LICHT Die Mecklenburgische Seenplatte – Lars Hoffmann, edition MORIZANER

edition MORIZANER ist ein Imprint der Müritz AG – Achtenhagen & Hahn GbR



www.edition-morizaner.de – info@edition-morizaner.de

Fotos: Lars Hoffmann
Text: Niels Hoffmann
Einleitung: Manfred Achtenhagen
Projektkoordination: Jörg Hahn

Beratung: Rainer Groothuis – Groothuis, Lohfert, Consorten – www.glcons.de

Layout und Satz: Niels Hoffmann – www.cold-nose.de

Druck / Gesamtherstellung: optimal media production – www.optimal-online.de

Bindung: Stein & Lehmann – www.stein-lehmann.de

Bestellung / Auslieferung: OVA optimal Verlagsauslieferung
Glienholzweg 7, 17207 Röbel/ Müritz
book_service@optimal-online.de
Tel. +49 (0)39931 56-620
Fax +49 (0)39931 56-866

Fotografische Selbstverpflichtung: Die abgebildeten Fotografien sind authentische Dokumente. Es wurden weder Bildbestandteile digital hinzugefügt oder entfernt, noch wurde die Bildaussage auf sonstige Art und Weise manipuliert.



Printed in Germany

ISBN 978-3-941803-00-8

edel PLATINUM SUPERVISED BY STEIDL

STEIN+LEHMANN DIE BUCHBINDER

OVA optimal Verlagsauslieferung